Inge Walz

Dekorativ geknüpft

Aktuelle Knüpf-Ideen für die Wohnung

frechverlag

Tips & Tricks

Auf dem Vorlagenbogen finden sich Schritt-für-Schritt-Zeichnungen der in diesem Buch verwendeten Knoten. Auch das Abbinden und das Einhängen von Fäden wird dort gezeigt.

Wenn Sie Wolle verwenden, sollten Sie darauf achten, daß diese möglichst dick und fest ist und sich auch nicht dehnt.

Bei vielen Objekten sind die Leitfäden genauso lang wie die Knüpffäden. Hier müssen während des Knüpfens bei Musterwechseln die Fäden sehr sorgfältig ausgetauscht werden: die kurzen Fäden werden als Leitfäden in die Mitte gelegt und die langen Fäden als Knüpffäden nach außen.

Tonkugeln können Sie aus lufttrocknendem Ton ganz einfach selbst anfertigen. Durchstechen Sie die gerollten Kugeln beispielsweise mit einem Schaschlikstäbchen, und lassen Sie sie entsprechend den Herstellerangaben trocknen.

Schmetterlinge oder andere Tiere aus lufttrocknendem Terrakotta-Ton können Sie mit Ausstechformen herstellen oder selbst modellieren. Am besten verwenden Sie eine Preßspanplatte als Arbeitsunterlage. Lassen Sie die ausgestochenen Motive auf der Preßspanplatte trocknen.

Alle Objekte können Sie farblich und stilmäßig auf Ihre Wohnung abstimmen. Falls Sie eine andere Garnstärke, als in der Beschreibung angegeben, verwenden, sollten Sie bedenken, daß sich dann auch die Maße ändern. Passen Sie sie gegebenenfalls an.

Fotos: frechverlag GmbH + Co. Druck KG, 70499 Stuttgart; Birgitt Gutermuth

Auflage: 5. 4. 3. 2. 1. | Letzte Zahlen
Jahr: 2000 1999 1998 97 96 | maßgebend

frechverlag GmbH + Co. Druck KG, 70499 Stuttgart
ISBN 3-7724-2173-3 · Best.-Nr. 2173
Druck: frechverlag GmbH + Co. Druck KG, 70499 Stuttgart

Wie man aus Baumwollgarn, Wolle, Makrameekordel, Tonkugeln sowie vielen anderen Materialien moderne, dekorative Gehänge für die Wohnung zaubert, wird hier verraten.

Mit diesen lassen sich Körbe in der Küche, Designerteller im Eßzimmer oder Terrakottaschalen im Wohnzimmer in beliebiger Höhe anbringen: für Obst, Gemüse, Süßigkeiten, Wolle und vieles mehr.

In kleinen Wohnungen wird leerer Raum sinnvoll genutzt, dunkle Ecken werden aufgemöbelt, und Knüpf-Fans erhalten neue Anregungen für das eigene Heim oder ein persönliches Geschenk.

Damit alles gut gelingt, wird das Vorgehen genau beschrieben. Schritt-für-Schritt-Zeichnungen der Knoten erleichtern das Nacharbeiten. Wer erst einmal auf den Geschmack gekommen ist, der wird bald begeistert einen Knoten nach dem anderen knüpfen.

Viel Spaß bei einem faszinierenden Hobby!

Ihre Inge Walz

Im Landhausstil

Länge: 1,10 m

Material:

- Geflochtenes Makrameegarn (Ø 7-8 mm):
  - 1 Faden à 2,00 m
  - 4 Fäden à 4,00 m
  - 4 Fäden à 6,50 m
  - 1 Faden à 4,50 m

- 1 Terrakottaschale (Ø 32 cm)
- 1 Terrakottagans
- 1 Holzring (Ø 5 cm)
- 1 Metall- oder Rohrring (Ø 14 cm)
- 8 Tonkugeln (Ø 2 cm), aus lufttrocknendem Ton selbst geformt

1. Mit dem 2,00 m langen Faden den kleinen Holzring mit Schlingenknoten gegenseitig umknüpfen. Fadenenden zusammenknoten.

2. Die 4,00 m und die 6,50 m langen Fäden so durch den Holzring ziehen, daß die Enden jeweils gleich lang sind. Mit einem langen Faden über den restlichen 15 Fäden abbinden. 4 Stränge mit je 3 Weberknoten knüpfen (2 Knüpf- und 2 Leitfäden), dabei zwischen und nach den Knoten etwas Abstand lassen.

3. Mit dem 4,50 m langen Faden den großen Metallring mit Schlingenknoten gegenseitig umknüpfen. Die Fadenenden einmal quer spannen und an der gegenüberliegenden, bereits umknüpften Seite des Rings mit Rippenknoten anknüpfen, damit später die Gans sicher plaziert werden kann. Die Fäden der 4 Weberknotenstränge mit Rippenknoten am umknüpften Ring anknoten.

4. Nun aus je 2 langen Knüpf- und 2 kurzen Leitfäden folgendes Muster pro Strang (4 Stränge) arbeiten:
Achtung: In den ersten Strang die beiden Fäden, die vom Umknüpfen des Rings übriggeblieben sind, als Leitfäden mit einknüpfen, nach dem zweiten Weberknoten diese beiden Fäden abschneiden.

- 1 Weberknoten knüpfen,
- 1 Feigenknoten (5 x schlingen),
- die beiden Knüpffäden durch eine Tonkugel ziehen, dicht darunter 1 Weberknoten fertigen,
- ca. 2 cm Abstand lassen
- und 13 weitere Weberknoten, jeweils mit Abstand, knüpfen.

5. Mit dem längsten Faden abbinden. (Es kann eventuell auch mit einem separaten Faden abgebunden werden.) Sämtliche Fadenenden in unterschiedlichen Höhen mit Kapuzinerknoten versehen. Fadenenden nach 2 cm abschneiden und ausfransen. Terrakottagans anbringen.

Lavendelschalen Provence

Länge: 1,10 m

Material:

- Geflochtenes Makrameegarn (Ø 2-3 mm):
  - 1 Faden à 2,00 m
  - 4 Fäden à 6,50 m
  - 8 Fäden à 9,00 m

- 1 Metallring (Ø 2,5 cm)
- Schmetterlinge, aus lufttrocknendem Ton ausgestochen
- ca. 24 Tonkugeln, aus lufttrocknendem Ton selbst geformt

1. Den Metallring mit dem kurzen Faden mit Schlingenknoten gegenseitig umknüpfen und die Fadenenden zusammenknoten.

2. Alle Fäden durch den Metallring ziehen und mit einem langen Faden über allen 23 Fäden straff abbinden.

3. Folgendes Muster pro Strang (4 Stränge) aus je 6 Fäden (2 Knüpf- und 4 Leitfäden) arbeiten:
3 Weber- und 10 Wellenknoten knüpfen.

4. 3 Weberknoten (2 Knüpf- und 4 Leitfäden) fertigen, danach 2 Wellenknotenstränge mit je 10 Knoten (2 Knüpffäden und 1 Leitfaden).

5. Punkt 4 siebenmal wiederholen. 3 Weberknoten arbeiten. Die restlichen 3 Stränge aus je 6 Fäden ebenso arbeiten.

6. Je 2 Stränge aus 15 Weberknoten (2 Knüpffäden und 1 Leitfaden) fertigen. Versetzt je 2 Stränge mit 1 Weberknoten verbinden. Je 5 Schlingenknoten gegenseitig aus 1 Knüpf- und 2 Leitfäden ausführen.

7. Mit dem längsten Faden über allen Fäden straff abbinden.

8. Wieder 4 Stränge arbeiten. Muster pro Strang:
5 Weberknoten (2 lange Knüpf- und 4 Leitfäden) sowie 10 Wellenknoten fertigen.

9. Punkt 4 noch dreimal wiederholen, jedoch 5 Weberknoten und 12 Wellenknoten arbeiten.
Es folgen 5 Weberknoten. Fäden teilen und jeweils aus 2 Knüpffäden und 1 Leitfaden 18 Weberknoten fertigen, dabei mit den längsten Fäden knüpfen.

10. Versetzt je 2 sich gegenüberliegende Stränge mit 5 Weberknoten bzw. die beiden anderen sich gegenüberliegenden Stränge mit 20 Weberknoten zusammenknüpfen. Mit dem längsten Faden abbinden. Die Fadenenden in unregelmäßigen Höhen mit Tonkugeln versehen und mit Überhandknoten fixieren. Schmetterlinge befestigen.

Blumenduo

Länge: 1,35 m

Material:

- Geflochtene Makrameekordel (Ø 6-7 mm):
  - 1 Faden à 2,50 m
  - 1 Faden à 2,80 m
  - 8 Fäden à 10,00 m
  - 8 Fäden à 5,00 m
  - 1 Faden à 4,00 m

- 2 rote Tonschalen (Ø 25 cm und 20 cm)
- 1 Metallring (Ø 18 cm)
- 1 bunte Keramikkugel (Ø 3 cm)
- 4 bunte Oliven, 3 cm lang
- 4 bunte Dreiecke oder Kugeln, 2 cm groß
- Alleskleber

1. Den Metallring mit dem 4,00 m langen Faden mit Schlingenknoten gegenseitig umknüpfen. Fadenenden zusammenknoten.

2. Die 10 m langen Fäden mitteln und mit dem 2,50 m langen Faden 16 Weberknoten als Aufhängeöse knüpfen. Die Öse zusammenklappen und mit 1 Weberknoten aus 2 Knüpf- und 16 Leitfäden die Öse schließen.

3. Den 2,80 m langen Faden mitteln, als Knüpffaden an die Reste des 2,50 m langen Fadens anknüpfen und 20 cm Wellenknoten fertigen. Fäden durch die Keramikkugel ziehen. Fadenenden nach ca. 3 cm abschneiden und ausfransen. Sitzt die Kugel nicht straff genug, mit etwas Klebstoff fixieren. Den Strang in die Mitte ziehen.

4. Nun das folgende Muster aus 2 Leit- und 2 Knüpffäden pro Strang (4 Stränge) arbeiten:

- 2 Weberknoten,
- 1 Feigenknoten (7 x schlingen),
- 2 Weberknoten,
- Fäden austauschen, etwas Abstand lassen,
- 3 Weberknoten fertigen.
- Alle Fäden mit Rippenknoten am Metallring anknüpfen.

5. Abbinden (mit dem längsten Faden), etwas Abstand lassen,

- 3 Weberknoten,
- Fäden austauschen, etwas Abstand lassen,
- 3 Weberknoten,
- abbinden,
- 3 Weberknoten,
- Fäden austauschen, Abstand lassen,
- 2 Weberknoten,
- 1 Feigenknoten (5 x schlingen),
- 1 Weberknoten,
- 1 Feigenknoten (5 x schlingen),
- 2 Weberknoten,
- die beiden mittleren Fäden durch eine Olive ziehen, die äußeren Fäden spannen,
- 2 Weberknoten,
- 1 Feigenknoten (5 x schlingen) und
- 2 Weberknoten arbeiten.

6. Fäden teilen und je 2 Stränge aus je 8 Schlingenknoten gegenseitig ausführen, dabei die längsten Fäden als Knüpf- und die kurzen als Leitfäden verwenden.

7. Die drei restlichen Stränge à 4 Fäden ebenso arbeiten.

8. Versetzt je 2 Stränge mit 1 Weberknoten zusammenfassen und wieder je 8 Schlingenknoten gegenseitig ausführen. Darauf achten, daß wieder mit den längsten Fäden geknüpft wird. Versetzt je 4 Weberknoten knüpfen. Mit dem längsten Faden über allen Fäden abbinden.

Sämtliche Fadenenden nach ca. 20 cm mit Kapuzinerknoten versehen.

Für die kleine Tonschale:

9. Je 2 der 5,00 m langen Fäden am Metallring zwischen den vier Strängen einhängen.

10. Pro Strang (4 Stränge) folgendes Muster (2 Knüpf- und 2 Leitfäden) arbeiten:
- 3 Weberknoten,
- etwas Abstand lassen und Fäden austauschen,
- 2 Weberknoten,
- 1 Feigenknoten (5 x schlingen) (der Feigenknoten beginnt und endet mit 1 Weberknoten, so daß 3 Weberknoten aufeinanderfolgen),
- 2 Weberknoten,
- etwas Abstand lassen und Fäden austauschen,
- 3 Weberknoten,
- die mittleren Fäden durch eine Kugel oder ein Dreieck ziehen und
- 3 Weberknoten fertigen.
- Fäden teilen und jeweils 6 Schlingenknoten gegenseitig knüpfen (kurzer Faden = Leitfaden).

11. Die restlichen drei Stränge à 4 Fäden ebenso arbeiten.

12. Versetzt je 2 Stränge mit 1 Weberknoten verbinden. Wieder je 5 Schlingenknoten gegenseitig mit den längsten Fäden als Knüpffäden und versetzt 3 Weberknoten ausführen.

13. Mit dem längsten Faden abbinden. Fäden nach ca. 6 cm abschneiden und ausfransen.

Rustikale Wollschale

Länge: 0,75 cm

Material:

- Festes Baumwollgarn:
  - 1 Faden à 2,50 m
  - 1 Faden à 3,00 m
  - 16 Fäden à 5,50 m

- je 1 Holzring (Ø 3,5 cm und ca. 8-10 cm)
- 8 verzierte Tonoliven, 5,5 cm lang
- Alleskleber

1. Mit dem 2,50 m langen Faden den kleinen Ring mit Schlingenknoten gegenseitig umknüpfen. Die Fadenenden zusammenknoten. Alle Fäden so durch den umknüpften Ring ziehen, daß sämtliche 32 Fadenenden gleich lang sind. Aus 4 Knüpf- und 28 Leitfäden 1 Weberknoten fertigen.

2. Pro Strang (8 Stränge) das folgende Muster aus je 4 Fäden (2 Knüpf- und 2 Leitfäden) ausführen:
- 3 Weberknoten,
- ca. 0,5 cm Abstand lassen,
- 3 Weberknoten arbeiten und
- Abstand lassen.
- Punkt 2 einmal wiederholen.

3. Den großen Ring mit dem 3,00 m langen Faden umwickeln und die Fadenenden festkleben. Danach alle Fäden mit Rippenknoten an diesem Ring anknüpfen.

4. 3 Weberknoten fertigen,
- Abstand lassen,
- 1 Weberknoten, Abstand lassen,
- 1 Weberknoten, Abstand lassen,
- 3 Weberknoten und
- 12 Wellenknoten arbeiten.

5. Punkt 4 einmal wiederholen, jedoch ohne die Wellenknoten.
- Alle Fäden durch die Olive ziehen und
- 10 cm Wellenknoten arbeiten.
- Die Fäden austauschen, d. h., die kurzen äußeren Fäden werden zur Mitte gelegt, es wird mit den langen Fäden als Knüpffäden weitergearbeitet.

6. 1 Weberknoten knüpfen,
- Abstand lassen,
- 1 Weberknoten, Abstand lassen,
- 1 Weberknoten, Abstand lassen,
- 1 Weberknoten und
- 6,5 cm Wellenknoten arbeiten.

7. Punkt 6 zweimal wiederholen. 5 Weberknoten mit Abstand knüpfen.

8. 7 Runden versetzte Weberknoten fertigen, d.h., vom ersten Strang 2 Fäden und vom danebenliegenden ebenfalls 2 Fäden nehmen, um 1 Weberknoten zu knüpfen. Die nächste Runde ebenso arbeiten.

9. Die Knüpffäden mit Überhandknoten versehen. Alle Fäden nach ca. 10 cm abschneiden und ausfransen.

Terrakottaschale Kos

Länge: 0,70 m

Material:

- Bunte, feste Wolle:
  - 1 Faden à 2,00 m
  - 12 Fäden à 4,00 m

- 1 Terrakottaschale (Ø außen: 20 cm, innen: 15 cm)
- 1 Holzring (Ø 3,5 cm)
- 1 Holzring (Ø 10 cm)

1. Mit Schlingenknoten gegenseitig den kleinen Ring mit dem kurzen Faden umknüpfen. Beide Fadenenden zusammenknoten.

2. Alle 12 Fäden so durch den Ring ziehen, daß die Fadenenden beidseitig gleich lang sind.

3. Abbinden, d.h., mit einem Faden eine Schlinge legen, mit diesem Faden alle restlichen Fäden straff umwickeln und das Fadenende durch die Öse ziehen.
6 Stränge (2 Knüpf- und 2 Leitfäden) mit je 4 Weberknoten ausführen, dabei vor dem ersten Knoten und zwischen den einzelnen Knoten jeweils ca. 1 cm Abstand lassen.

4. Alle Fäden durch den großen Holzring ziehen und mit Rippenknoten am Ring anknüpfen.

5. Aus je 6 Fäden folgendes Muster pro Strang (4 Stränge) arbeiten:

- Aus 1 Leit- und 2 Knüpffäden 10 Wellenknoten von rechts knüpfen.
- Mit den danebenliegenden 3 linken Fäden 10 Wellenknoten von links ausführen.
- Beide Stränge mit 1 Weberknoten verbinden.
- 1 cm Abstand lassen und 1 weiteren Weberknoten fertigen. Nun die Fäden teilen und je 4 Weberknoten (1 Leit- und 2 Knüpffäden) ausführen.
- Ab „Beide Stränge ..." Muster viermal wiederholen.
- 4 Weberknoten mit jeweils ca. 1 cm Abstand arbeiten.

6. Mit dem längsten Faden über alle Fäden abbinden, wie unter Punkt 3 beschrieben. Fäden nach 15 cm abschneiden und ausfransen.

Grüne Akzente

Länge: 1,40 m

Material:

- Meliertes Makrameegarn (Ø ca. 5-7 mm):
  - 5 Fäden à 10,00 m
  - 5 Fäden à 5,00 m
  - 1 Faden à 3,50 m
  - 1 Faden à 3,00 m
  - 10 Fäden à 1,60 m

- 1 Tonschale (Ø 30 cm)
- 1 Tontopf (Ø 12 cm)
- 1 Metallring (Ø 8 cm)
- 1 Metallring (Ø 15 cm)
- 50-60 braune Holzkugeln
- Alleskleber

1. Mit dem 3,50 m langen Faden den kleinen Metallring mit Schlingenknoten gegenseitig umknüpfen. Den großen Metallring mit dem 3,00 m langen Faden umwickeln, die Enden verkleben.

2. Die 10,00 m und die 5,00 m langen Fäden so durch den kleinen Metallring ziehen, daß die Fadenenden jeweils gleich lang sind. Mit einem langen Faden über allen Fäden straff abbinden.

3. Folgendes Muster pro Strang (5 Stränge) arbeiten (je 2 kurze Leit- und 2 lange Knüpffäden):

- 2 Weberknoten,
- 5 Wellenknoten,
- 2 Weberknoten,
- 5 Wellenknoten,
- 2 Weberknoten fertigen,
- alle Fäden mit Rippenknoten am großen Metallring anknoten,
- 1 Weberknoten und
- 2 Kettknotenstränge aus je 3 Knoten fertigen.

4. Nun versetzt je 2 Kettknotenstränge mit 1 Erbsknoten zusammenfassen. Fäden austauschen, so daß wieder mit den langen Fäden weitergeknüpft werden kann. (Am unauffälligsten am letzten Weberknoten des Erbsknotens möglich.)

- 6 weitere Weberknoten mit jeweils etwas Abstand zwischen den einzelnen Knoten ausführen, Abstand lassen,
- 10 Wellenknoten, Abstand lassen,
- 1 Weberknoten, Abstand lassen.
- Ab „10 Wellenknoten" zweimal wiederholen.
- 10 Wellenknoten ausführen.
- Fäden teilen und 2 Kettknotenstränge à 5 Knoten knüpfen.

5. Die restlichen 4 Stränge ebenso arbeiten.

6. Versetzt je 2 Kettknotenstränge mit 1 Weberknoten verbinden und jeweils 5 Kettknoten knüpfen. Versetzt mit je 3 Weberknoten zusammenfassen. Alle Fäden mit dem längsten Faden abbinden.

7. Nach 15 cm auf jedes Fadenende 2 Kugeln aufziehen und mit 1 Überhandknoten fixieren.

8. Vor dem ersten Wellenknoten (von Punkt 4) zu beiden Seiten eines jeden Strangs jeweils einen 1,60 m langen Faden so einziehen, daß beide Fadenenden gleich lang sind. Je 4 Kettknoten ausführen. Versetzt je 2 Stränge mit 1 Weberknoten verbinden, Fäden teilen und 2 weitere Kettknotenstränge à 4 Knoten knüpfen. Mit je 2 versetzten Weberknoten enden. Mit dem längsten Faden abbinden. Holzkugeln aufziehen und mit Überhandknoten fixieren.

Blumentrio

Länge: jeweils 0,40 m

Material:

- Naturfarbene, feste Wolle:
  - 8 Fäden à 2,50 m

- je 1 Schale aus Terrakotta, ca. 10 cm lang
- je 1 Holzring (Ø 3,5 cm)
- je 4 Tonoliven, 2,5 cm lang (oder Scheiben, Ø 2 cm)

1. Alle 8 Fäden durch den Ring ziehen, so daß sämtliche 16 Fadenenden gleich lang sind. Aus 4 Knüpf- und 12 Leitfäden 1 Weberknoten knüpfen.

2. Pro Strang (4 Stränge) aus je 4 Fäden (2 Knüpf- und 2 Leitfäden) folgendes Muster arbeiten:

- 10 Wellenkonten,
- 5 Weberknoten und
- 10 Wellenknoten ausführen.

Die beiden mittleren Fäden durch eine Olive ziehen. Mit den langen Fäden als Knüpffäden weiterarbeiten und 5 cm Wellenknoten fertigen. 5 Weberknoten knüpfen.

3. Jeweils den äußeren Faden als Leitfaden spannen und mit dem inneren Faden als Knüpffaden 6 Schlingenknoten gegenseitig ausführen. Versetzt je 2 Stränge mit 5 bzw. jeden zweiten Strang mit 3 Weberknoten zusammenfassen, dabei die längsten Fäden als Knüpffäden verwenden.

4. Nun alle Fäden zusammenfassen und mit den 2 längsten Fäden über 14 Leitfäden 12 Wellenknoten knüpfen. Die beiden Knüpffäden mit je 1 Überhandknoten versehen. Fäden nach ca. 6 cm abschneiden und ausfransen.

Variationsmöglichkeit:

Folgendes Muster pro Strang arbeiten:

- 5 Weberknoten,
- 10 Wellenknoten,
- 5 Weberknoten,
- 1 Keramikscheibe,
- 5 Weberknoten,
- 10 Wellenknoten und
- 5 Weberknoten ausführen.

Der Abschluß erfolgt, wie unter Punkt 3 und 4 beschrieben.

Black and White

Länge: 0,65 m

Material:

- Schwarze, feste Baumwolle:
  - 6 Fäden à 6,00 m
  - 1 Faden à 2,50 m
- Weiße, feste Baumwolle:
  - 6 Fäden à 6,00 m

- 1 schwarzweißer Teller (Ø 25 cm)
- 1 Holzring (Ø 3,5 cm)
- 12 weiße und 12 schwarze Keramikscheiben oder -perlen

1. Mit dem 2,50 m langen Faden den Holzring mit Schlingenknoten gegenseitig umknüpfen. Fadenenden zusammenknoten.

2. In den Ring die 12 Fäden im Wechsel einhängen: Weiß - Schwarz - Weiß etc.
Aus 2 weißen und 2 schwarzen Knüpffäden über 20 Leitfäden 1 Weberknoten ausführen.

3. Pro Strang (6 Stränge) aus je 2 weißen und 2 schwarzen Fäden folgendes Muster arbeiten:
10 cm Wellenknoten aus 2 weißen Leit- und 2 schwarzen Knüpffäden.

4. Fäden austauschen. Aus weißen Knüpf- und schwarzen Leitfäden 1 Erbsknoten ausführen.

5. 10 cm weiße Wellenknoten, 1 weißen Erbsknoten fertigen, dabei beim letzten Weberknoten wieder die Fäden austauschen und 10 cm schwarze Wellenknoten knüpfen.

6. Punkt 4 einmal wiederholen und 10 cm weiße Wellenknoten fertigen.

7. Fäden austauschen. Aus 2 schwarzen Knüpf- und 2 weißen Leitfäden 25 Weberknoten arbeiten.

8. Die restlichen 5 Stränge genauso knüpfen.

9. Alle Stränge zusammenfassen und mit den beiden längsten schwarzen Knüpffäden über 22 Leitfäden 2 Weberknoten ausführen. Diese beiden Knüpffäden mit je 1 Überhandknoten fixieren.

10. Die schwarzen Fäden zur Mitte ziehen und an den Enden weiße Keramikscheiben oder -perlen befestigen. Rundum die weißen Fäden verteilen und mit schwarzen Scheiben schmücken. Die weißen Fäden sind kürzer als die schwarzen. Die Scheiben bzw. die Perlen mit Überhandknoten fixieren.

Gemüsekörbe

Länge: 1,10 m

Material:

- Gedrehte Makrameekordel (Ø ca. 7 mm):
  - 1 Faden à 2,50 m
  - 4 Fäden à 4,50 m
  - 4 Fäden à 8,80 m
  - 8 Fäden à 1,70 m

- 1 Weidenkorb 35 cm x 25 cm
- 1 Weidenkorb 30 cm x 20 cm
- 8-16 Tonoliven, 2 cm lang
- 8-16 Tonoliven, 3 cm lang
- 1 Metallring (Ø 5 cm)

1. Den Metallring mit dem 2,50 m langen Faden mit Schlingenknoten gegenseitig umknüpfen und die Enden zusammenknoten.

2. Durch den Ring die 4,50 m und 8,80 m langen Fäden ziehen, so daß jeweils die Enden gleich lang sind. Mit 2 langen Knüpffäden über 14 Leitfäden 8 Wellenknoten ausführen.

3. Pro Strang (4 Stränge) aus je 2 langen Knüpf- und 2 kurzen Leitfäden folgendes Muster arbeiten:

- 2 Feigenknoten (5 x schlingen),
- 10 Wellenknoten (rechts beginnen),
- 1 Weberknoten,
- 10 Wellenknoten (links beginnen),
- 1 Feigenknoten (5 x schlingen),
- 10 Wellenknoten (rechts beginnen),
- 1 Weberknoten,
- 10 Wellenknoten (links beginnen) und
- 10 Weberknoten ausführen.

4. Die restlichen Stränge genauso knüpfen.

5. Mit dem längsten Faden über den restlichen 15 Fäden straff abbinden. Die Fadenenden mit den großen Oliven versehen und diese mit Überhandknoten fixieren.

6. Zu beiden Seiten des ersten Weberknotens des letzten Feigenknotens je einen 1,70 m langen Faden einhängen. Jeweils aus 2 Knüpf- und 2 Leitfäden 7 Weberknoten fertigen. Mit einem langen Faden über allen Fäden abbinden. Auf die Fadenenden die kleinen Oliven aufziehen und diese mit Überhandknoten fixieren.

Naschteller

Länge: 0,60 m

Material:

- Weiße, feste Wolle (Ø 2 mm):
  - 18 Fäden à 5,00 m
- 1 schwarzer Teller (Ø ca. 22 cm)
- 1 Holzring (Ø 3,5 cm)
- 12 schwarze Oliven, 2,3 cm lang
- 18-36 schwarze Oliven, 1,5 cm lang

1. Alle Fäden durch den Holzring ziehen, so daß alle 36 Enden gleich lang sind. Aus 2 x 2 Knüpf- und 32 Leitfäden (2 Knüpffäden - 32 Leitfäden - 2 Knüpffäden) einen Weberknoten knüpfen.

2. Pro Strang (6 Stränge) folgendes Muster aus je 6 Fäden arbeiten:

- 8 cm Wellenknoten (2 Knüpf- und 4 Leitfäden) ausführen,
- 1 Weberknoten,
- auf die mittleren 4 Fäden eine Olive ziehen,
- 1 Weberknoten,
- 8 cm Wellenknoten,
- 1 Weberknoten,
- die mittleren 4 Fäden durch eine Olive ziehen,
- 1 Weberknoten,
- 2 Wellenknotenstränge, je 6 cm lang, aus je 1 Leit- und 2 Knüpffäden fertigen,
- beide Stränge mit 1 Weberknoten zusammenfassen,
- 5 cm Wellenknoten (2 Knüpf- und 4 Leitfäden),
- 1 Weberknoten,
- 2 Wellenknotenstränge, 6 cm lang,
- 1 Weberknoten,
- 5 cm Wellenknoten (2 Knüpf- und 4 Leitfäden) und
- 9 cm Weberknoten ausführen.

3. Die restlichen Stränge genauso knüpfen.

4. Mit den beiden längsten Fäden als Knüpffäden über 34 Leitfäden 3 cm Wellenknoten fertigen. Die Knüpffäden direkt nach dem letzten Knoten mit Überhandknoten fixieren.

5. Die Fadenenden in unterschiedlichen Höhen mit den kleinen Oliven versehen, mit Überhandknoten befestigen.

Achtung: Beim Wechsel der einzelnen Wellenknotenfolgen unbedingt darauf achten, daß immer die längsten Fäden als Knüpffäden verwendet werden.

Rustikale Obstschale

Länge: 0,60 m

Material:

- Melierte Wolle:
  - 1 Faden à 2,50 m
  - 12 Fäden à 4,50 m

- 1 Terrakottaschale (Ø 20 cm)
- 1 Holzring (Ø 3,5 cm)
- 8 Tonkugeln (Ø ca. 1,5 cm), eventuell aus lufttrocknendem Ton selbst geformt
- 24 kleine Tonkugeln (Ø ca. 1 cm), eventuell aus lufttrocknendem Ton selbst geformt

1. Mit dem 2,50 m langen Faden den Holzring mit Schlingenknoten gegenseitig umknüpfen. Enden zusammenknoten. Durch den Ring die 12 Fäden so ziehen, daß alle 24 Fadenenden gleich lang sind.

2. Direkt unter dem Ring die Fäden mit einem Weberknoten zusammenfassen (2 x 2 Knüpf- und 20 Leitfäden, d. h. 2 Knüpffäden - 20 Leitfäden - 2 Knüpffäden).

3. Pro Strang (4 Stränge) folgendes Muster aus je 6 Fäden arbeiten:
- 10 Wellenknoten (2 Knüpf- und 4 Leitfäden),
- 3,5 cm Abstand lassen,
- 1 gleichmäßigen Überhandknoten aus 6 Fäden ausführen,
- 3,5 cm Abstand lassen,
- 20 Wellenknoten,
- je 3 Fäden durch eine Kugel ziehen,
- 20 Wellenknoten mit den beiden längsten Fäden als Knüpffäden ausführen,
- 3,5 cm Abstand lassen,
- 1 Überhandknoten,
- 3,5 cm Abstand lassen,
- 20 Wellenknoten (längste Fäden = Knüpffäden) und
- 2 Wellenknotenstränge, 7 cm lang, aus je 2 Knüpffäden und 1 Leitfaden ausführen.

4. Die restlichen 3 Stränge genauso knüpfen.

5. Versetzt je 2 Stränge mit 1 Überhandknoten zusammenfassen. Mit den längsten Fäden als Knüpffäden wieder je zwei 7 cm lange Wellenknotenstränge fertigen.

6. Alle Stränge mit 5 Wellenknoten (2 Knüpf- und 22 Leitfäden) zusammenfassen, mit Überhandknoten abschließen.

7. Die Fadenenden in unterschiedlichen Höhen mit Tonkugeln schmücken, die mit Überhandknoten fixiert werden.

Festliche Weihnachtsschale

Länge: 1,05 m

Material:

- Rote geflochtene Makrameekordel (Ø 6-7 mm):
  - 2 Fäden à 3,00 m
  - 12 Fäden à 8,80 m

- 1 goldfarbene Schale (Ø 35 cm)
- 1 Metallring (Ø 7 cm)
- 1 Metallring (Ø 10 cm)
- 4 goldverzierte Glasoliven, 3 cm lang
- 4 goldverzierte Glaswürfel, 2,5 cm lang
- Alleskleber

1. Mit einem 2,00 m langen roten Faden den kleinen Metallring mit Schlingenknoten gegenseitig umknüpfen, Enden verknoten. Mit dem zweiten Faden den großen Metallring umwickeln und die Enden verkleben.

2. Die restlichen Fäden so durch den kleinen Metallring ziehen, daß die Enden gleich lang sind. Mit 1 Weberknoten aus 4 Knüpf- und 20 Leitfäden beginnen.

3. Pro Strang (4 Stränge) folgendes Muster aus je 2 Knüpf- und 4 Leitfäden arbeiten:

- 6 Weberknoten ausführen, dabei zwischen den einzelnen Knoten immer etwas Abstand lassen.
- Alle 4 Weberknotenstränge mit Rippenknoten am großen Metallring anknüpfen.
- Aus je 1 Leit- und 2 Knüpffäden 5 Weberknoten fertigen.
- Versetzt je 2 Stränge mit 1 Erbsknoten verbinden.
- 1 Weberknoten knüpfen.
- Die beiden mittleren Fäden durch eine Olive bzw. einen Würfel ziehen. Links und rechts von der Olive bzw. dem Würfel jeweils 4 Schlingenknoten gegenseitig arbeiten (äußerer Faden = Knüpffaden, innerer Faden = Leitfaden).
- Mit 1 Weberknoten fixieren.
- 12 Wellenknoten (2 Knüpf- und 4 Leitfäden) arbeiten,
- 2 nebeneinanderliegende Weberknotenstränge aus je 4 Knoten (2 Knüpffäden und 1 Leitfaden) und
- 12 Wellenknoten (2 Knüpf- und 4 Leitfäden) ausführen,
- mittlere Fäden durch eine Olive bzw. einen Würfel ziehen, außen je 4 Schlingenknoten gegenseitig knüpfen und mit 2 Weberknoten und 1 Erbsknoten den Strang abschließen.
- Fäden teilen und je 2 Stränge aus 10 Weberknoten (2 Knüpffäden und 1 Leitfaden) knüpfen.

4. Versetzt je 2 Stränge mit 1 Weberknoten zusammenfassen, wieder teilen und je 6 weitere Weberknoten knüpfen. Mit 5 Runden versetzten Weberknoten enden.

5. Alle Fadenenden in gleicher Höhe mit Kapuzinerknoten versehen.

Achtung: Immer darauf achten, daß mit den langen Fäden geknüpft wird.

Rustikale Blumenschale

Länge: 0,90 m

Material:

- Webgarn (Ø ca. 5-6 mm):
  - 4 Fäden à 8,50 m
  - 4 Fäden à 4,50 m
- 1 Terrakottaschale (Ø 20 cm)
- 1 Holzring (Ø 5 cm)
- 32 Holzkugeln (Ø 1 cm)

1. Sämtliche Fäden so durch den Holzring ziehen, daß sie auf beiden Seiten gleich lang sind. 1 Weberknoten aus 2 x 2 Knüpf- und 12 Leitfäden (2 Knüpffäden - 12 Leitfäden - 2 Knüpffäden) knüpfen.

2. Pro Strang (4 Stränge) folgendes Muster aus je 2 langen Knüpf- und 2 kurzen Leitfäden arbeiten:
- 1 Weberknoten,
- 1 Feigenknoten (5 x schlingen),
- die beiden Knüpffäden jeweils durch eine Kugel ziehen,
- 1 Feigenknoten (5 x schlingen),
- Knüpffäden durch je eine Kugel ziehen,
- 1 Weberknoten,
- 5 Wellenknoten,
- 1 Weberknoten,
- Knüpffäden durch je eine Kugel ziehen,
- 1 Feigenknoten (5 x schlingen),
- 5 Wellenknoten,
- 1 Feigenknoten (5 x schlingen),
- 10 Wellenknoten und
- 1 Weberknoten ausführen.

3. Fäden teilen und 2 Kettknotenstränge aus je 5 Knoten knüpfen. Die restlichen 3 Stränge ebenso arbeiten.

4. Versetzt je 2 Kettknotenstränge mit 1 Weberknoten zusammenhalten, wieder teilen und je 5 Kettknoten ausführen, versetzt mit je 2 Weberknoten verbinden.

5. Mit den beiden längsten Fäden je 5 Wellenknoten über 14 Leitfäden straff knüpfen.

6. Die Stränge fortsetzen und je 12 Wellenknoten und 1 Feigenknoten (5 x schlingen) arbeiten. Die Knüpffäden durch je eine Holzkugel ziehen und 1 Weberknoten knüpfen. Alle 4 Fäden mit 1 Überhandknoten fixieren. Fadenenden abschneiden und ausfransen.

Akzente in Rot-Weiß

Länge: 0,55 m

Material:

- Rote Wolle:
  - 1 Faden à 2,50 m
  - 12 Fäden à 3,00 m

- 1 Tonschale (Ø ca. 13 cm)
- 1 Holzring (Ø 3,5 cm)
- 8 helle Keramikoliven, 2 cm lang

1. Mit dem 2,50 m langen Faden den Ring mit Schlingenknoten gegenseitig umknüpfen. Die Fadenenden zusammenknoten.

2. Die 12 Fäden so durch den Ring ziehen, daß sämtliche 24 Fadenenden gleich lang sind. Mit einem Weberknoten (4 Knüpf- und 20 Leitfäden) fixieren.

3. Pro Strang (4 Stränge) folgendes Muster aus je 6 Fäden arbeiten:

- 6 Weberknoten (2 Knüpf- und 4 Leitfäden),
- 2 nebeneinanderliegende Stränge aus je 5 Weberknoten (2 Knüpffäden und 1 Leitfaden) und
- 6 Weberknoten (2 Knüpf- und 4 Leitfäden) fertigen.
- Die beiden mittleren Fäden durch eine Olive ziehen und beidseitig jeweils mit dem neben der Olive liegenden Faden als Leitfaden und dem äußeren Faden als Knüpffaden 5 Schlingenknoten gegenseitig ausführen.

4. Mit den beiden längsten Fäden als Knüpffäden Punkt 3 noch einmal komplett wiederholen und einmal bis „6 Weberknoten fertigen".

5. 2 Stränge aus je 8 Weberknoten (2 Knüpffäden und 1 Leitfaden) knüpfen.

6. Die restlichen 3 Stränge à 6 Fäden genauso ausführen.

7. Nun werden versetzt je 2 Stränge mit 1 Erbsknoten verbunden. Punkt 5 einmal wiederholen (längste Fäden = Knüpffäden). Versetzt je 2 Stränge mit 1 Erbsknoten verbinden und darunter 10 Weberknoten (2 Knüpf- und 4 Leitfäden) ausführen. Sämtliche Fäden mit 2 Weberknoten zusammenfassen. Die Knüpffäden mit Überhandknoten versehen und die Fäden nach ca. 10 cm abschneiden und ausfransen.

Obstschale

Länge: 0,60 m

Material:

- Rotmelierte feste Wolle:
  - 1 Faden à 3,00 m
  - 2 Fäden à 10,00 m
  - 8 Fäden à 1,80 m
  - 10 Fäden à 0,45 m
  - 1 Faden à 0,55 m

- 1 Glasteller
- 1 Holzring (Ø 5 cm)
- 2 Metallringe (Ø 25 cm)
- 10-20 beigefarbene Holzkugeln (Ø 0,5 cm)
- 16 Oliven, 2,5 cm lang

1. Den Holzring mit dem 3,00 m langen Faden mit Schlingenknoten gegenseitig umknüpfen. Die beiden Metallringe mit je einem 10 m langen Faden mit Wellenknoten umknüpfen und ineinanderschieben.

2. Die 8 Fäden so durch den Holzring ziehen, daß alle Enden gleich lang sind.
1 Weberknoten aus 4 Knüpf- und 12 Leitfäden fertigen.

3. Pro Strang (4 Stränge) folgendes Muster arbeiten (2 Knüpf- und 2 Leitfäden):

- 6 cm Wellenknoten,
- 1 Weberknoten,
- die beiden mittleren Fäden spannen und auf die beiden äußeren je eine Olive ziehen,
- 10 Weberknoten,
- 2 Oliven aufziehen wie zuvor,
- 1 Weberknoten und
- 6 cm Wellenknoten ausführen.

Die restlichen 3 Stränge ebenso knüpfen.

4. Die Stränge mit je 1 Überhandknoten an den großen Ringen (siehe Foto) befestigen.

5. Über den unteren Kreuzungspunkt der Ringe 10 kurzen Fäden legen, mit dem 0,55 m langen Faden 10 Wellenknoten knüpfen und auf die Fadenenden die kleinen Kugeln aufziehen, mit Überhandknoten fixieren.